Georges Pouchet

L'Embryogénie et la Pisciculture en France

Étude

 Le code de la propriété intellectuelle du 1er juillet 1992 interdit en effet expressément la photocopie à usage collectif sans autorisation des ayants droit. Or, cette pratique s'est généralisée dans les établissements d'enseignement supérieur, provoquant une baisse brutale des achats de livres et de revues, au point que la possibilité même pour les auteurs de créer des œuvres nouvelles et de les faire éditer correctement est aujourd'hui menacée. En application de la loi du 11 mars 1957, il est interdit de reproduire intégralement ou partiellement le présent ouvrage, sur quelque support que ce soit, sans autorisation de l'Éditeur ou du Centre Français d'Exploitation du Droit de Copie , 20, rue Grands Augustins, 75006 Paris.

ISBN : 978-1977836960

10 9 8 7 6 5 4 3 2 1

Georges Pouchet

L'Embryogénie et la Pisciculture en France

Étude

Table de Matières

Introduction	6
Section I	7
Section II	15
Section III	21
Section IV	26
Notes	30

Introduction

Il y a quelque temps, un des professeurs de l'université de Fribourg en Brisgau, parlant dans une solennité académique du rôle effacé de la France dans le monde, prétendait que « l'anatomie microscopique, l'embryogénie, sont de pures sciences allemandes, dans lesquelles les Français ne peuvent revendiquer que fort peu de services dignes d'être mentionnés. » M. Ecker est un naturaliste distingué ; mais son opinion, exprimée d'ailleurs en termes d'une courtoisie relative, paraît se ressentir, quelque peu de l'ébranlement moral causé par la guerre. Sans accepter tout à fait ce qu'il dit de l'anatomie microscopique, nous reconnaissons que cette science a fait moins de progrès chez nous qu'en Allemagne. Nous avons essayé de montrer ici même [1] quelle avait été la funeste influence de Cuvier sur cette partie de l'anatomie dont le microscope est devenu l'instrument par excellence. Tandis que l'Allemagne, grâce au jeu de ses institutions universitaires, avançait dans la voie ouverte par notre Bichat, la France devait attendre jusqu'en 1860 que le gouvernement créât une chaire d'anatomie microscopique appliquée à l'homme ; celle des animaux n'a pas encore d'enseignement officiel. Par ce côté, cela n'est que trop vrai, nous avons beaucoup à envier à nos voisins ; mais il en est autrement de l'embryogénie. Le zèle patriotique de M. Ecker a certainement obscurci sa mémoire ; il ne pouvait guère être plus mal inspiré. Notre pays, en cette science du moins, a dignement tenu son rang. Dans les études d'embryogénie théorique, il a été le premier à un moment donné et le véritable instigateur des progrès qui ont suivi ; puis il a eu cet autre mérite, moins conforme, dit-on, à notre génie national, d'entrer encore le premier dans la voie des applications pratiques. Peut-être serait-il bon, au moment où l'on semble contester à notre patrie, parce qu'elle a été malheureuse, toute valeur scientifique comme toute initiative, de dresser, nous aussi, l'inventaire de notre patrimoine, afin de rappeler les autres à un peu plus de modestie et nous-mêmes à cette confiance en nos propres forces qui pourra devenir par le travail le fondement d'une véritable régénération.

Georges Pouchet

Section I

L'étude du développement des êtres ne remonte pas au-delà du monde grec. La science de l'antique Asie, exclusivement tournée vers le cours des astres, n'avait éclairci ni même entrevu aucun des problèmes de la vie. D'ailleurs la formation d'un être qui agit, pense et veut, aux dépens de la matière, inerte en apparence, d'un jaune d'œuf, n'est ni plus ni moins merveilleuse que le reste des fonctions vitales : aussi ne voyons-nous pas que l'attention se boit plutôt portée au début sur l'évolution de l'œuf que vers les autres branches de la biologie. C'est Hippocrate, puis Aristote, chez les Grecs, qui en parlent d'abord et tentent d'expliquer l'apparition de l'embryon. Aristote avait observé les premiers battements du cœur du poulet, il crut que la vie commençait avec ces oscillations. Après l'antiquité, l'étude du développement, comme toute science, tomba dans une nuit profonde jusqu'à cette aurore de la renaissance où toutes les perspectives attirent à la fois l'esprit humain, réveillé du lourd sommeil où l'avait plongé la barbarie germaine. L'embryogénie va faire un pas immense : on soupçonnera de plus en plus qu'une même loi préside à la reproduction de tous les êtres vivants, aussi bien de ceux qui pondent que de ceux qui donnent le jour à des petits en vie, et l'espèce humaine ne fera point exception ; mais il fallut, pour arriver là, un dur labeur qui dura près de deux siècles. C'est d'abord Fabrice d'Aquapendente qui publie à Venise son *Traité de la formation du fœtus* (1600) avec de belles planches. Cinquante ans plus tard, Charles Ier, roi d'Angleterre, autorise son médecin Harvey à expérimenter sur les daines et les biches de ses parcs, faveur inouïe en un pays où la chasse du moindre gibier royal était punie des derniers supplices : Harvey fait paraître son *Traité de la génération* (1651). Le frontispice montre un Jupiter créateur avec un œuf dans la main d'où s'échappent des plantes, un cerf, un crocodile, des oiseaux, l'araignée au bout de son fil et un homme. Harvey proclame que les vivipares aussi bien que les autres animaux proviennent d'un œuf, mats il se trompe sur la nature de celui-ci. C'est seulement en 1672 que le Hollandais Régnier de Graaf, sans mettre tout à fait le doigt sur la vérité, montre du moins la voie qui doit y conduire. A ce grand mouvement du XVIIe siècle, la France n'avait pris aucune part. Buffon lui-même, cent ans après, imagine un système bizarre ; il n'accepte pas les découvertes acquises, non plus que la nécessité d'un œuf : il se fait sur les conditions des sexes et l'origine de l'embryon des idées erronées, dont la trace a reparu jusqu'en notre temps comme pour mieux nous rappeler que Buffon n'a pas été dans ces questions à la hauteur de son génie. Le 18 mars 1860, M. Flourens, alors secrétaire perpétuel de l'Académie des Sciences, annonça qu'un héritier du grand naturaliste demandait l'ouverture d'un paquet cacheté autrefois déposé par celui-ci sur le bureau. de l'Académie. La curiosité eût été excitée à moins : ce fut une déception. Buffon informe la compagnie qu'il a commencé son *Traité de la génération* ; au chapitre VI, dit-il, « je fais voir évidemment l'erreur de ceux qui donnent des œufs aux femelles vivipares. » L'avenir allait confirmer d'une manière éclatante les vues opposées de Graaf.

C'est de notre temps seulement que la France, reprenant l'avantage, devait conquérir une place digne d'elle dans l'histoire des découvertes qui nous ont éclairés sur l'apparition et la première évolution des êtres. Et, loin que l'embryogénie soit « une pure science allemande, » nous allons voir que le plus grand nombre des découvertes capitales qui l'ont élevée à la hauteur où elle est sont dues à nos compatriotes ou à des savants que leurs tendances rapprochent de nous, qui publient leurs œuvres en français et dans nos recueils scientifiques. MM. Prévost, de Genève, et Dumas, l'émient chimiste, dont les premières études furent tournées vers les sciences de la vie, adressent leurs travaux aux *Annales des sciences naturelles* de Paris ; M. Cari Vogt écrit en français une histoire du développement des saumons (1842). Quant à M. de Baër, le plus célèbre parmi les embryogénistes étrangers, il est Russe. En France, Dutrochet, le même qui a découvert l'endosmose, avait fait au commencement du siècle d'importantes recherches sur le fœtus : il précède MM. F.-A. Pouchet et Coste. Nous ne voyons guère en Allemagne à opposer à tous ces noms que celui de M. Bischoff, aujourd'hui professeur à Munich.

L'embryogénie moderne date en réalité de l'époque dont nous parlons, où l'Allemagne fut loin d'avoir la plus belle part. La double tendance des travaux accomplis pendant cette période fut à la fois de reculer de plus en plus l'heure des premières manifestations par lesquelles l'œuf laisse voir qu'il est animé de vie, et d'établir la complète ressemblance de ces phénomènes chez tous les êtres, qu'ils soient d'espèce vivipare ou se reproduisent par des œufs. Jusqu'au milieu du siècle dernier, on n'avait fait que peu d'attention au travail intérieur de l'œuf avant l'instant marqué par Aristote où le cœur commence le rythme de ses battements qui ne doivent plus s'arrêter qu'à la mort. On avait quelque tendance à croire que « le point bondissant, » le *punctum saliens*, comme l'appelle Harvey, annonçait le début même de la vie par l'organe essentiel où la croyance populaire plaçait le centre de nos sentiments et de nos affections. On découvrit plus tard que l'apparition du cœur du poulet, — car c'est toujours du poulet qu'il s'agit dans ces recherches, — était précédée de celle des centres nerveux. On avait distingué à la surface du jaune, quelques heures après le commencement de l'incubation, une tache ayant la forme d'un ovale légèrement étranglé en son milieu et parcourue par un sillon suivant le plus grand axe. Ce sont les premiers vestiges de l'animal, déjà visibles longtemps avant que le *punctum saliens* ait commencé de battre. Ces signes, qui appartiennent nettement à l'embryon, sont eux-mêmes précédés d'une série d'actes qu'on ne saurait rapporter à un être qui n'existe pas encore : ils semblent plutôt le propre de l'œuf en même temps que la condition nécessaire de son évolution à venir. L'œuf, composé d'un jaune ou *vitellus* enveloppé d'une série de couches plus ou moins diverses, reste inerte tant qu'il n'a pas reçu l'excitation qui en fera sortir un animal. Jusque-là il n'est rien, il n'est qu'un *devenir*, selon l'heureuse expression d'un physiologiste. Soustrait à cette influence nécessaire, il ne présentera d'autres changements que ceux qu'amèneront en peu de temps la mort et la décomposition ; mais a-t-il trouvé la vie, aussitôt il entre en travail. L'œuf de grenouille est très propre à l'étude de ce qui se passe alors, grâce à la transparence des enveloppes : l'observateur voit tout à coup le *vitellus* présenter à sa surface un étranglement circulaire qui en fait le tour comme un méridien. Ce sillon se creuse de plus en plus jusqu'au centre du globe, qu'il sépare à la fin en deux moitiés indépendantes, légèrement aplaties par leurs faces opposées, sans rien qui les relie que le fluide dans lequel les deux demi-sphères flottent suspendues ; mais déjà celles-ci laissent voir qu'elles sont à leur tour le siège d'une opération semblable, elles se partagent en deux, et, le même travail se répétant sur chaque segment nouveau, il arrive même le *vitellus* finit par se résoudre en une multitude de sphères d'un volume d'autant moindre qu'elles sont plus nombreuses. C'est seulement alors, après cet égrènement du *vitellus*, véritable destruction de l'œuf, que va commencer le travail inverse, la construction de l'embryon : ces sphères, sortes de matériaux animés, se déplacent, sollicitées par des forces mystérieuses dont nous ne soupçonnons pas même la nature ; elles se disposent les unes à côté des autres, puis se soudent, et de nouveau reconstituent l'unité primitive de l'œuf, dans les premiers linéaments de l'être qui commence.

La découverte de la *segmentation du vitellus*, c'est ainsi qu'on appelle ce curieux phénomène, est due à MM. Prévost et Dumas (1823). Pendant vingt-cinq ans, cette activité propre de l'œuf, qui précède d'une manière si nette l'apparition de l'embryon, avait occupé les naturalistes et défrayé un nombre prodigieux de mémoires et de dissertations. Observée d'abord chez la grenouille, où l'on suit aisément avec le microscope toutes les phases de la division, elle fut retrouvée chez la plupart des animaux inférieurs ; mais on n'arrivait pas à l'apercevoir dans l'œuf des oiseaux, où le *vitellus* énorme semblait si bien se prêter à l'observation. On avait beau regarder, on ne voyait rien de pareil : bien certainement le jaune ne se séparait ni en deux ni en quatre. La segmentation restait un fait spécial, elle perdait la plus grande part de son importance du moment qu'elle n'était plus l'expression d'une loi constante. C'est alors que, plus heureux ou, pour nous servir de l'expression juste, plus habile que ses prédécesseurs, M. Coste démontra qu'il n'y avait pas d'exceptions, et que le fractionnement existe aussi dans l'œuf des oiseaux et des autres animaux à *vitellus* volumineux, où on n'avait pas su le constater, tels que les reptiles, les poissons de l'ordre des sélaciens (raies et requins) et les céphalopodes (seiche, poulpe, calmar). Seulement chez ces animaux, la segmentation, au lieu de porter sur le *vitellu s*tout entier, est exclusivement limitée à cette tache blanche bien connue qui occupe un point de la surface du jaune, et que les anatomistes nomment la *cicatricule*. Celle-ci doit seule donner naissance à l'être nouveau, et seule elle se segmente ; le reste du globe vitellin ne servira qu'à nourrir l'embryon, formé primitivement aux dépens de la cicatricule. De là ressortait l'importante distinction de deux parts dans le vitellus, fort inégales selon les espèces : l'une qui subit la segmentation, qui deviendra l'embryon, et à laquelle on réserve le nom de *germe* ; l'autre, qui reste inerte, ne présente aucun fractionnement spontané, et ne doit jouer que le rôle d'aliment. Si le *vitellus* de la grenouille, des mammifères et de beaucoup d'animaux inférieurs se segmente en entier, c'est qu'il est appelé à former et non à nourrir l'embryon, qui puise dans le sein maternel ou dans l'eau, à travers les membranes perméables de l'œuf, les matériaux nécessaires à sa croissance. Chez la poule au contraire, le germe est restreint, l'aliment abondant, parce que le poussin n'emprunte au dehors, à travers la coque, que des gaz insuffisants à la formation des parties dures de son organisme.

Par cette découverte si riche de conséquences, M. Coste complétait celle de MM. Prévost et Dumas en donnant au phénomène de la segmentation sa véritable importance, qui consiste dans l'universalité même du fait. Ce fut au reste le caractère particulier des travaux de l'éminent embryogéniste de généraliser des faits regardés jusque-là comme restreints à certaines espèces, et de transformer en expression de lois absolues dans leur généralité ce qu'on croyait accidentel et contingent à des formes zoologiques spéciales. La gloire de Graaf avait été de pressentir que la femelle des mammifères et la femme ont des ovaires, et émettent intérieurement de véritables œufs analogues à ceux des oiseaux et des reptiles, mais dont tout le développement s'accomplira dans le sein maternel. Cependant le grand anatomiste n'avait pas aperçu ces œufs, qui sont extrêmement petits, et qu'on appelle à cause de cela des *ovules*. L'œuf des mammifères fut en réalité découvert par M. de Baër, mais on crut tout d'abord à une différence entre cet ovule et l'œuf des oiseaux. Il existe dans celui-ci une toute petite bulle microscopique qu'on trouve jusqu'au moment où la segmentation va commencer. Elle est placée dans la cicatricule, et on la nomme, du nom du physiologiste de Breslau qui l'a vue le premier, *vésicule de Purkinje* ou *vésicule germinative*. Or M. de Baër ne l'avait point retrouvée clans l'ovule des mammifères, et il avait imaginé toute une théorie pour rendre compte de cette discordance inattendue avec ce qu'on observe chez tous les autres animaux. Pour lui, l'ovule des mammifères devient l'analogue de la vésicule germinative ; celle-ci, perdue dans le *vitellus* de la poule, est le véritable œuf, et de proche en proche, dominé par les conséquences de la fausse doctrine qu'il institue, M. de Baër en arrive à formuler des dissemblances beaucoup plus grandes que celle qu'il veut faire disparaître. C'est encore M. Coste qui mit un terme à ces confusions, et qui donna définitivement à l'ovule des mammifères la vraie signification qu'il doit avoir, en y démontrant la présence d'une vésicule germinative analogue à celle des oiseaux. La constitution et les premiers développements de l'œuf retrouvaient leur unité dans tous les êtres, et, après de longs débats, notre pays a définitivement gardé l'avantage d'une découverte dont la valeur est attestée par les luttes mêmes qu'elle souleva.

A peu près vers le même temps, MM. F.-A. Pouchet et Coste étaient arrivés à déterminer l'époque précise où l'ovule des mammifères et celui de la femme tombent par une véritable ponte intérieure. En discussion sur ce point avec M. Bischoff, comme ils l'avaient été déjà sur d'autres, l'avantage resta encore aux savants français ; la précision de leurs observations fut même portée si loin qu'on vit des tribunaux dans les pays voisins, où la recherche de la paternité n'est pas interdite, motiver leurs semences sur les résultats acquis par nos embryogénistes.

Enfin M. Coste mettait le sceau à ses expériences en découvrant par suite de quelle modification l'organisme maternel, dans l'espèce humaine, devient apte au rôle nouveau qui commence pour lui à la chute de l'œuf fécondé. Les recherches des anatomistes étaient restées vaines : l'occasion d'observer est très rare, l'expérimentation impossible. Nous ne sommes plus au temps où les pharaons mettaient, dit l'histoire, les enfants en expérience pour savoir quel langage ils parleront, ou essayaient les poisons sur leurs esclaves. Le respect moderne de la personne n'autorise pas ces vivisections humaines reprochées à tous les grands médecins de l'antiquité, et plus tard à Vésale, à Harvey lui-même. L'examen du cadavre pouvait seul nous renseigner sur les changement qui se passent au début de la conception ; mais d'autre part il arrive que l'état de maladie ajustement pour premier effet de suspendre ces fonctions qu'on voulait connaître. Les amphithéâtres des hôpitaux étaient muets, ne pouvant livrer le mystère. Paris a des ressources uniques : M. Coste eut l'idée d'interroger la Morgue. De temps à autre, on y transporte des malheureuses tuées par accident ou qui se sont volontairement donné la mort à une époque peu éloignée de la conception. En observant pendant plusieurs années tous les cas de ce genre, il découvrit ce qu'on avait vainement cherché : il vit le sein maternel se préparer par des modifications spéciales à son rôle nouveau, comme un sol fertile habilement disposé pour recevoir le grain que l'œuf y apportera ; il put réunir un nombre considérable de pièces probantes et en former une précieuse collection au Collège de France, qui venait de lui ouvrir ses portes.

Dès 1836, M. de Blainville, alors professeur au Muséum et à la Sorbonne, avait chargé M. Coste de le suppléer ; il avait saisi bien vite l'importance de cette science des premières manifestations de la vie, et son impulsion n'a pas été certainement étrangère à l'éclat qu'allait jeter l'embryogénie française. Il donnait, mérite rare, à son suppléant l'express mission d'exposer les travaux qui venaient de le faire connaître. A cette époque aussi, il soutenait contre de misérables difficultés en province l'un de ses élèves, déjà occupé de recherches sur la chute de l'œuf des mammifères, le même qui devait plus tard rappeler l'attention sur l'antique et obscur problème des générations spontanées, qu'on pourrait appeler une embryogénie spontanée aux dépens de la matière inorganique. Dans le même temps, M. Charles Robin, un autre de ses élèves, tourné vers l'étude des éléments microscopiques qui s'accumulent pour former l'être nouveau, essaie de surprendre les lois de cette embryogénie permanente qui préside pendant toute la vie au renouvellement continu des tissus. C'est qu'en effet nulle science n'est plus vaste : l'embryogénie touche à toute l'histoire naturelle. Le zoologiste y trouve un fil précieux pour le classement des formes primordiales apparues sur le globe, et qu'on retrouve, reflets du passé, dans les phases du développement embryonnaire. Quel argument en faveur des idées de M. Darwin n'a-t-on pas tiré de ce fait, que l'embryon d'un chien, celui d'une tortue et celui de l'homme sont à un moment donné tellement semblables qu'on les pourrait confondre ! Pour l'anatomie et la physiologie, l'importance n'est pas moindre ; nous assistons par l'embryogénie à la construction même du corps, dont les rouages s'ajoutent sous nos yeux les uns aux autres. Nous en suivons la multiplicité et la complication croissantes, et comme chaque organe qui naît puise évidemment le principe même de son existence et de son rôle dans les conditions où il est apparu et qui l'ont précédé, si jamais nous devons connaître ce principe, base de la vie, ce sera certainement par l'observation de ce qui se passe dans la genèse successive des organes.

Cuvier, avant de Blainville, avait probablement compris toute l'importance de l'embryogénie, mais une petite mésaventure paraît l'avoir dégoûté de s'en occuper. Dutrochet lui avait remis un mémoire sur le développement de la brebis, que Cuvier s'appropria sans façon. L'auteur réclama, et le grand naturaliste dut écrire une piteuse lettre d'excuses restée célèbre [2]. De Blainville eut toujours le talent, contrairement à Cuvier, de créer autour de lui l'indépendance. Après l'épreuve faite dans sa propre chaire, il insista pour qu'un enseignement régulier fût confié à M. Coste, qui obtint d'ouvrir un cours au Collège de France, sans être toutefois nommé professeur. Cependant la science nouvelle ne laissa pas que d'avoir ses détracteurs. On prétendit que ce n'étaient pas là des recherches ayant droit de cité dans l'enseignement, et qu'au bout du compte tous les anatomistes, comme tous les zoologistes, devaient être initiés à ces études, et l'on vit ce curieux spectacle des adversaires du nouveau cours se mettant tous à traiter d'embryogénie dans leurs leçons. C'était aller contre le but ; il devenait évident qu'une tribune spéciale était utile pour répandre une science d'intérêt si général. Le ministère Guizot s'honora en instituant définitivement (24 septembre 1844) la chaire qui répondait si bien aux aspirations de la biologie contemporaine. L'histoire du développement des êtres eut donc à Paris un amphithéâtre bien avant que des cours semblables ne s'ouvrissent dans les universités allemandes. Au point de vue de l'embryogénie théorique, la France tenait sa place par les travaux de ses savants, par cette chaire créée pour les faire connaître, enfin par une publication monumentale. M. Coste avait entrepris une *Histoire du développement* dont le texte est resté jusqu'à ce jour inachevé. M. Gerbe, qui seconde depuis plus de trente ans l'éminent professeur dans tous ses travaux, dessina pour cet ouvrage d'admirables planches retraçant les phases du développement dans l'homme et les animaux, et en fit le plus bel atlas qu'on ait jamais publié sur cette partie de l'histoire naturelle.

Georges Pouchet

Section II

Pendant que l'Allemagne s'avançait à son tour dans la voie que nous avions tant contribué à ouvrir, et produisait de nombreux travaux dont on ne saurait contester le mérite [3], tout à coup l'embryogénie française prenait une direction nouvelle. Délaissant peut-être un peu trop la recherche (pure, elle se livre avec ardeur à l'étude des applications, et, grâce à la souplesse de son génie, nous marchons encore les premiers dans cette voie, véritables initiateurs de l'Europe. Tout le monde sait quelles préoccupations excita dans l'esprit public la mise en culture des eaux. L'enthousiasme inconsidéré qu'elle a causé aux uns, les attaques passionnées qui ont été dirigées d'autre part contre elle, suffisent à démontrer l'importance d'une question qui n'eût certes point résisté à ce double courant d'exagérations, s'il n'y avait eu au-dessous de cette agitation, qui n'était nullement factice, un intérêt réel où l'industrie privée a fort bien su, quoi qu'on en ait dit, trouver son avantage.

Il s'en faut que l'idée d'exploiter les eaux et d'en régulariser le rendement soit nouvelle ; les Chinois l'ont eue sans la tenir de nous. Rome connut tous les secrets de cet art, et on rapporte le mot d'un certain Sergius Orata, qui disait, quand on fit mine de l'empêcher d'élever des huîtres au Lucrin, « qu'il saurait bien en faire pousser sur les toits. » L'industrie actuelle du lac Fusaro n'a probablement jamais été délaissée, et au nord de l'Italie la grande lagune de Comacchio, entre les bouches du Pô, est depuis des siècles en coupe réglée pour l'élevage des anguilles, dont il se fait un commerce considérable. Nous voyons au XVIIe siècle le cardinal Palotta améliorer l'exploitation par un nouvel aménagement des eaux, et à la fin du XVIIIe Spallanzani apprendre du fermier-général que le rendement de la lagune est de (500 tonnes de poisson par an.

Si l'industrie de l'anguille se perd dans le passé, celle de la truite et du saumon est probablement tout aussi ancienne, quoique moins connue. Forcément réduite aux petits cours d'eau, cette pisciculture ne put avoir nulle part la même importance qu'à Comacchio ; mais on la vit pratiquée sur plusieurs points à la fois. Il a été fait dans le temps beaucoup de bruit autour des noms d'un pêcheur et d'un aubergiste d'une commune de l'arrondissement de Remiremont, La Bresse, située au fond des Vosges. Il s'est trouvé que MM. Rémy et Génin appliquaient depuis longtemps pour leur compte les procédés de la fécondation artificielle des poissons, quand M. de Quatrefages soumit à l'Académie une étude scientifique sur le même sujet. Celle-ci devint aussitôt le point de départ de réclamations extrêmement vives en faveur des deux pêcheurs vosgiens. Nous avons en nous un penchant très louable, mais souvent injuste, à nous faire redresseurs des torts de la renommée ; nous sommes enclins par nature à relever les humbles dans l'histoire des inventions et des découvertes scientifiques ; nous taillons volontiers la part plus grande à l'artisan qui exécute qu'au patron qui conçoit, à l'aide qu'au professeur, au pêcheur qu'au naturaliste. Peu s'en fallut que la presse et le public ne fissent de Rémy et de Génin deux hommes de génie qui avaient appris au monde la fécondation artificielle, le transport du frai, les soins que réclame l'alevin, en un mot toutes les opérations fondamentales de l'industrie piscicole. Le gouvernement ne fit que son devoir en assurant une honorable aisance à la vieillesse des deux Bressans ; ils avaient montré ce que pouvait, même au fond d'une campagne, la persévérance dans l'application de procédés qu'ils avaient peut-être découverts, ou dont ils avaient entendu vaguement parler, car, s'il faut rendre justice à leur initiative, il semble assez probable qu'ils ont dû connaître par ouï-dire quelque chose de ces pratiques, en usage avant eux dans les départements voisins. Dans l'Auvergne, certains pêcheurs en savaient tout aussi long. En Allemagne, le forestier Franke, au service du prince de Schauenbourg-Lippe, appliquait aussi les mêmes moyens, et ils étaient loin d'être nouveaux, puisqu'on prétend qu'un moine de l'abbaye de Réome, dom Pinchon, les a exactement décrits au XIIIe siècle. En tout cas, on ne s'en était pas tenu aux essais pratiques : s'il fallait assigner une date à la pisciculture scientifique, elle remonterait au dernier siècle. Dès 1763, un savant allemand, Jacobi, communique au *Magazin de Hanovre* un travail que l'on voit figurer l'année suivante en français dans les Mémoires de l'Académie de Berlin, rédigés jusqu'en 1804 dans cette langue. Jacobi avait tout vu et tout fait : fécondation artificielle de la truite et du saumon, transport du frai, nourriture de l'alevin. Son mémoire est complet, on ne sait rien de plus aujourd'hui ; ajoutons que Jacobi s'était vraisemblablement inspiré de l'abbé Spallanzani, qui le premier pratiqua la fécondation artificielle des œufs de grenouille dans un dessein purement spéculatif.

Comme toutes les grandes inventions, celle des procédés sur lesquels repose la pisciculture est donc impersonnelle : elle fut l'œuvre du temps et de tous ; mais ces traditions recueillies par des pêcheurs au fond de leurs vallées, ces doctes mémoires enfouis dans les recueils académiques, tout cela devait rester fatalement stérile, si l'attention publique ne s'en emparait. Il vint un jour où l'Europe s'en émut, et c'est la France, c'est Paris qui donna le signal. Des paysans avaient bien pu conserver ou retrouver ces pratiques, des savants avaient pu les formuler : M. Coste, tout en reconnaissant l'ingéniosité de ses obscurs précurseurs, tout en suivant Jacobi, rendit du moins l'incontestable service de répandre partout les traditions des uns, les préceptes du second, et de fixer d'une manière définitive l'attention du public sur les applications de l'embryogénie à l'industrie rurale. Il n'y avait pas certainement en France dix propriétaires d'eaux qui eussent la notion de ces choses ; aujourd'hui tous les savent, on peut dire que tous ont été mis à même de faire des essais plus ou moins prolongés.

Toutefois, pour étudier, pour généraliser les méthodes, pour épargner les essais inutiles ou coûteux, pour éclairer la production sur la valeur des tentatives à faire, des risques à courir, il fallait opérer en grand. De petites installations déjà établies à Beaux-les-Dames et dans ce massif qui des Vosges s'étend aux Cévennes étaient tout à fait insuffisantes : la création de l'établissement d'Huningue fut résolue (1852). Le choix de l'emplacement est des plus heureux, non loin du pays qui avait vu les essais de Rémy et de Génin, à portée des Vosges, de la Forêt-Noire et des lacs de la Suisse, d'où les œufs peuvent arriver sans difficulté. Dans l'établissement même, une savante distribution des eaux, empruntées soit au canal du Rhône au Rhin, soit à un ruisseau du voisinage, soit à des sources encloses, permet de parquer le frai et de nourrir l'alevin dans des rigoles disposées pour une constante surveillance. Un vaste hangar facilite les observations suivies, même par la saison la plus rigoureuse, à l'abri des intempéries.

Sans rechercher si l'établissement d'Huningue a réalisé les chimères d'esprits peu pratiques qui croyaient qu'il suffit de semer pour récolter, et qui voyaient déjà tous les cours d'eau de France regorger de poisson, on reconnaîtra sans peine qu'il n'a pas été inutile : il eut surtout un rôle d'entraînement. Partout on s'occupe de cet art, qui a l'attrait de la nouveauté ; tous les laboratoires ont leurs appareils à éclosion sur le modèle de ceux du Collège de France ; chaque département a son comité de pisciculture. Huningue adresse des œufs de toutes parts à qui en demande, à qui veut faire un essai. En certaines années, l'établissement expédie ainsi jusqu'en Ecosse, jusqu'en Russie, plus d'un million d'œufs, qui servent moins peut-être à la propagation d'espèces utiles qu'à l'étude et à la vulgarisation de procédés restés jusque-là le secret des pêcheurs ou le domaine des savants. Nos voisins d'outre-Rhin ne dédaignent point de nous suivre dans ce grand mouvement qui vient de France. Les sociétés d'agriculture de l'Allemagne envoient à Huningue leurs délégués, accueillent M. Coste au nombre de leurs membres, s'emparent de la question. On n'entend parler que des expériences de M. Kauffmann à Berlin, de M. Scholtz, *forstmeister* à Brunswick, du docteur Scholl à Francfort, de M. Ruff à Hohenheim, enfin de MM. Sôheifelhut et Frass à Augsbourg, où la pisciculture, établie dans les fossés des fortifications, est pendant quelque temps pour l'oisif Augsbourgeois ce qu'était à Paris l'hippopotame du Jardin des Plantes. Les têtes couronnées ne résistent pas à l'engouement. En décembre 1853, le roi et la reine de Bavière visitent en grand apparat les essais de pisciculture à l'école vétérinaire de Munich, et le roi de Wurtemberg, qui ne veut pas rester en arrière, établit un appareil à éclosion dans son domaine de *Monrepos*. C'est alors que M. Coste fait paraître les Instructions pratiques sur la pisciculture, aussitôt traduites dans toutes les langues, en Hollande, en Italie, en Allemagne, en Angleterre, en Suède, et, de même que l'*Histoire du développement* avait marqué le point culminant de l'embryogénie théorique en France, ce petit volume élémentaire du savant professeur marqua l'apogée de cette préoccupation piscicole dont l'établissement d'Huningue était le centre.

Ce temps est déjà bien loin de nous, il appartient presque à une autre génération ; nous pouvons, avec plus de calme, mesurer la valeur des résultats obtenus. S'il fut assurément téméraire d'en attendre d'immédiats, qui n'avaient que trop de chances de ne se point réaliser, on ne saurait contester l'influence de ce mouvement de curiosité, disons de cette mode, si l'on veut, qui porta tout le monde vers la pisciculture. On sait maintenant dans quelles limites, à quelles conditions, la réussite est possible : c'est un grand point ; il ne reste plus que le calcul des circonstances particulières où chacun se place pour tenter la fortune. La grosse erreur fut de croire que la mise en rapport des eaux ne réclamait pas les mêmes soins que les autres opérations agricoles. On compte les risques, on calcule les coûts et dépens quand il s'agit de poulets ou de canards, mais il semblait, on ne sait pourquoi, que l'élevage du poisson dût se faire tout seul. C'est le contraire : soins incessants pour surveiller les œufs, écart de toute bête ennemie, barrages efficaces pour retenir l'alevin, sans parler des contestations légales dès qu'on met obstacle au cours de l'eau, tout cela n'est rien : la grande, l'insurmontable difficulté est précisément cette eau qui coule, qui se déplace, entraînant à chaque minute avec le jeune poisson le fruit de vos constants efforts. D'autre part, les chutes, multipliées par l'industrie, s'opposent à ce que les rivières soient empoissonnées d'aval en amont, et, comme le volume des eaux va croissant, il en résulte que le repeuplement, appréciable au voisinage de la source, devient insensible dès qu'il se répartit sur la masse entière du fleuve.

Encore ne parlons-nous que des espèces qui ne quittent jamais les mêmes eaux, comme les truites ; pour celles qui ne viennent que frayer dans les rivières, le problème se complique. L'alevin qu'on lancera reviendra-t-il ? retrouvera-t-il sa route ? Et dans ce cas que de millions de jeunes faudra-t-il pour qu'un nombre suffisant échappe aux ennemis qui les guettent dans le fleuve, dans la mer, jusqu'au jour éloigné où l'instinct les pousse au retour ! et que d'années encore avant qu'ils se soient multipliés ! Le sort certain des poissons de l'océan est d'être mangés tôt ou tard, tôt plus souvent que tard. Tandis que les animaux terrestres se nourrissent principalement de substances végétales, celles-ci faisant défaut dans l'eau salée, il ne reste aux habitants de la mer qu'à s'entre-dévorer morts ou vifs. Les gros mangent les petits, les petits mangent les moindres, et l'espèce parfois n'a pas de plus terrible destructeur que l'espèce elle-même après l'homme. Celui-ci est bien vraiment le souverain destructeur par ses pêches intempestives, par l'abus des engins prohibés, par les moyens les plus absurdes de prendre le poisson, comme d'empoisonner une rivière ou de la mettre à sec, afin d'en retirer tout ce qui a vie [4].

Ce qui est aujourd'hui certain, c'est qu'un cours d'eau, quand il n'a pas d'emploi plus lucratif, peut, dans la plupart des cas, être utilisé pour la production. C'est une entreprise comme une autre, pour laquelle il faut des capitaux, des soins, et qui ne saurait, plus qu'une autre, prospérer d'elle-même. La pisciculture, réduite ainsi à sa sphère vraiment pratique, ne perd rien en importance : c'est aujourd'hui une véritable industrie, tombée dans le domaine public. Ce résultat, bien éloigné peut-être des utopies rêvées, est, à tout prendre, fort sérieux. On le doit à l'établissement d'Huningue, à ces élevages installés publiquement de tous côtés, qui n'ont point fait pulluler le poisson dans nos fleuves battus par la vapeur, infectés par les égouts et les manufactures, mais qui ont répandu partout la notion d'une source de gain que plus d'un sans bruit met à profit. Quant à l'état, il avait rempli, dans une mesure qu'on ne saurait blâmer de bonne foi, sa fonction, qui est de tenter au début l'entreprise incertaine des industries nouvelles, même de luxe, qui peuvent augmenter la fortune publique. Quand les rois de France firent venir à grands frais des moutons mérinos d'Espagne, ce n'était pas assurément par amour de leur peuple qu'ils voulaient habiller avec économie, et cependant ce fut un grand bienfait. Quand le comité d'instruction publique de la convention ordonnait de planter en ananas tout le jardin de Tivoli, il n'avait point l'intention sans doute de faire du fruit savoureux un régal populaire, et cette initiative coûteuse n'en était pas moins louable. Plus d'un propriétaire élève maintenant des truites et se débarrasse sur les marchés du superflu de ses viviers ; d'autres ont appris à parquer certaines espèces de poissons ; enfin, et ce seul fait suffirait à justifier la pisciculture de toutes les attaques, les habitants de l'Australie ont acclimaté dans leurs rivières le saumon des fleuves de l'Europe.

La fortune des armes a enlevé à la France l'établissement d'Huningue. Il est loué aujourd'hui par le gouvernement impérial à une compagnie qui en continue l'exploitation pour son compte. Huningue reste ce qu'il était, un vaste entrepôt où arrive le frai des eaux de l'Europe centrale, et d'où on l'expédie dans toutes les directions, vendu, — non plus donné, — à qui en demande. Peut-être il est de ces œufs, achetés de seconde main, qui sont revenus l'hiver dernier à ce laboratoire du Collège de France où avaient été tentés les premiers essais et les premières recherches qui conduisirent à l'idée de créer un pareil établissement. La science, comme la politique, a de durs retours.

Section III

Sans prétendre à repeupler l'océan, on pouvait concevoir dans l'industrie de nos pêches côtières d'utiles améliorations. Tout le poisson qui alimente les marchés d'Europe n'est qu'une minime fraction de ces innombrables populations qui s'entre-dévorent au fond des eaux : l'idée ne serait venue certes à personne d'agir autrement que par des lois de pêche (sont-elles même efficaces ?) sur les espèces qui jouent un rôle important dans l'alimentation ; mais peut-être en est-il d'autres plus recherchées qu'on arriverait à nourrir comme les murènes des piscines romaines ? Pour cela, le premier point était de s'éclairer sur la vie, les mœurs, le temps de croissance de ces animaux ; mille questions pratiques, avant elles mille autres théoriques, étaient à résoudre. De là le caractère particulier, à la fois scientifique et industriel, de l'établissement fondé à Concarneau.

Concarneau est une étrange petite cité, ville forte autrefois et réputée imprenable ; ses vieilles murailles, que la mer entoure, nous font sourire maintenant avec leurs mâchicoulis et leurs poivrières. Sur la terre ferme s'élève le faubourg, plus grand, plus important que la ville close. L'entrée du port est dangereuse : toutefois, par une singularité de ces *rivières*, espèces de fiords en miniature qui découpent la côte de Bretagne, les plus grands navires peuvent venir chercher un abri jusque derrière les remparts. Concarneau, d'où partirent jadis des flottes de guerre, est aujourd'hui une ville industrielle. Les sept ou huit cents barques qui font la pêche de la sardine et du maquereau n'arrivent point à lui donner un aspect maritime ; elle est purement fabricante. Les pêcheurs sont des ouvriers d'industrie plutôt que des loups de mer : ils n'ont que des bateaux non pontés, assez mal gréés ; dès que le vent fraîchit, on les voit rentrer au port et attendre, les bras croisés ou regardant jouer au palet, que le ciel s'éclaircisse et qu'il vente moins. Pêcheurs sans conviction d'une pêche sans risques, ils ne ressemblent guère à leurs voisins de Groix, de Gavre, de Penmar'ch et de la pointe du Raz, écumeurs autrefois, aujourd'hui tous, hommes et femmes, intrépides matelots d'une mer toujours tourmentée, aux caps dangereux « que nul, au dire d'un ancien dicton, n'a franchis Sans peur ou malheur. » Au reste, la mer à Concarneau est à l'unisson d'une population plus paisible, — toujours tranquille lorsque ne soufflent pas les grands vents de sud-ouest, calme comme un lac, sans bruit, sans une vague, sans un roulement. Fermée au large par une ceinture de rochers et de petites îles, les Glénan, échauffée par les eaux mourantes du *gulf-stream*, pleine d'immenses prairies sous-marines de goëmon qu'on exploite pour la soude, cette côte semble toute favorable au développement des animaux de l'Océan. Nul endroit ne pouvait être mieux choisi pour les étudier. D'ailleurs il s'était trouvé à Concarneau, comme dans les Vosges, un pilote, M. Guillou, homme avisé, attentif aux choses de la mer, qui avait fait aussi de la pisciculture d'inspiration ; avec des planches, il s'était fabriqué une sorte de réserve où il gardait son poisson en attendant les bons jours de vente, observant les mœurs des bêtes et les apprivoisant. On le voyait, avec un congre énorme dans les bras, indiquer au monstre docile les mouvements qu'il devait faire. La présence d'un auxiliaire aussi entendu avait décidé le choix de Concarneau pour y construire des viviers laboratoires (1859). M. Gerbe, fit les plans, donna les indications, surveilla l'exécution. L'établissement s'élève au bord de la mer, presque dans la mer ; le bâtiment, haut d'un seul étage du côté de la ville, en a deux sur les bassins ; il est d'apparence fort simple, comme il convient ; la porte, les fenêtres, les encoignures, relevées de granit, attestent cependant la ferme volonté de créer là une institution durable. Sur le devant, deux étages dominent les viviers, au nombre de huit, où le flot entre et d'où il sort à chaque marée. Ils sont creusés dans la roche, à ciel ouvert, séparés de la mer par un mur insubmersible, et de dimensions différentes ; ils ont de 40 à 100 mètres carrés de superficie. De larges trottoirs les séparent, où l'on peut circuler autour de chaque bassin. Des ponts volants établis sur des planches permettent d'observer, sans troubler leurs ébats, les mœurs des animaux qu'on y enferme. Dans un de ces bassins, quartier des bêtes féroces, on nourrit des congres, des anges, des baudroies, et les autres grands destructeurs qui hantent la côte. Le plus curieux spectacle est celui que donnent les turbots : le turbot, — ce qu'on ignorait avant l'existence de ces viviers, — est un animal rustique, facile à élever, à nourrir, à engraisser en captivité. Les petits, qu'on tient à part pour qu'ils ne soient pas dévorés par les autres, viennent manger à la main avec une amusante gloutonnerie, et les gros arrivent en foule dès qu'on leur jette la nourriture. Plus loin, les homards, les langoustes, plus calmes et d'appétit moins vorace, attendent qu'on les emballe tout vivants pour les marchés lointains de la France, de la Belgique et de l'Allemagne.

Dans le bâtiment, un aquarium sans aucun luxe, mais bien pourvu d'eau courante, avec des bacs et des auges de toute dimension, reçoit les animaux de petite taille et ceux dont on observe le développement. Ces derniers, mis en cellule, grandissent sous l'œil du naturaliste : on a pu ainsi mesurer la lenteur du développement de certaine espèce dont on ne savait rien. Ailleurs des embryons se forment dans leurs œufs en laissant voir toutes les phases de leur évolution, ou bien ce sont des bêtes mutilées par l'expérimentateur, dont les membres coupés repoussent par une sorte d'embryogénie partielle, qui a plus d'une fois éclairé celle de l'être entier. Des salles de dissection pour les gros animaux occupent avec l'aquarium tout le rez-de-chaussée ; au premier étage sont des laboratoires pour les travaux plus délicats. Chaque naturaliste qui vient à Concarneau faire des recherches a le sien, avec une fenêtre donnant sur la mer. On lui remet la clé. Il est là chez lui, dispose ses microscopes, ses appareils, s'arrange comme il l'entend, va et vient à toute heure du jour et de la nuit, poursuivant ses travaux dans un calme presque monastique, au milieu des inépuisables matériaux d'une des côtes les plus riches du littoral.

La portée pratique de l'établissement de Concarneau ne pouvait être la même qu'à Huningue. Il ne s'agissait plus de repeupler un rivage d'où peu à peu certaines espèces recherchées, comme le homard et la langouste, se sont retirées vers le large. Fût-on parvenu, à force de soins et de dépenses, à jeter dans la pleine mer des millions de jeunes, était-il sûr qu'on en retrouvât seulement la trace au bout de quelques jours ? Mais l'établissement de Concarneau pouvait avoir une importance réelle en apprenant aux pêcheurs à créer de véritables entrepôts pour le *poisson plat* et le *coquillage*. Ces animaux se prêtent par nature à la captivité, tandis que beaucoup d'autres meurent vite dans les viviers, ou même dès qu'on les sort de l'eau. Au contraire la sole, la barbue, le turbot surtout, s'accommodent très bien de la vie recluse, et, pourvu que la nourriture soit abondante, ils prospèrent à merveille. Le homard, la langouste, la chevrette ou bouquet, subissent aussi sans dommage cet entassement dans les bassins en attendant l'occasion d'un plus gros bénéfice. Le poisson, le coquillage est-il abondant, on le met au vivier, d'où on le tirera avec une plus-value quand la pêche sera moins bonne. On commande aujourd'hui à l'avance, pour tel jour, un turbot du poids que l'on veut, ou la plus belle langouste pour la table d'un souverain étranger. Les viviers comme celui de Concarneau, comme celui de Roscof, établi sur le même plan par l'industrie privée à l'autre bout du Finistère, ont augmenté sensiblement le gain des pêcheurs. Les habitants aisés de la côte, qui payaient jadis quelques sous un magnifique homard, peuvent gémir sur les dépenses croissantes de leur table ; mais le marin qui l'a vendu 3 ou 4 francs au maître du vivier s'en trouve bien avec toute sa petite famille, et c'est le principal.

De pareils résultats ont bien leur valeur ; ils ne doivent pas cependant faire oublier le but supérieur qu'on s'était proposé en installant ces bassins pour l'étude scientifique des mœurs et surtout de l'embryogénie des animaux de la mer, afin d'en déduire, comme de toute science pure, les applications qui font tôt ou tard tourner en profit commun les découvertes les plus abstraites et en apparence les plus vaines. A ce point de vue, l'établissement de Concarneau n'a pas été non plus stérile. C'est là qu'ont été faites les recherches de M. A. Moreau sur la formation et la nature des gaz de la vessie natatoire des poissons, celles de M. Legonis sur le pancréas des mêmes animaux, celles de M. Gerbe sur le développement des crustacés marins et en particulier de la langouste. Les voyageurs avaient depuis longtemps rapporté des mers lointaines certains animaux de forme étrange, plats comme une feuille, que l'on avait pour cela nommés *phyllosomes*, et dont les zoologistes avaient fait un ordre spécial parmi les crustacés. M. Gerbe démontra que ces êtres singuliers, péchés au large des côtes, n'étaient autres que des larves de langoustes, qui ressemblent fort peu à ce qu'elles deviendront ensuite, quand de la haute mer elles retourneront au rivage. A Concarneau seulement, M. Charles Robin put confirmer la belle découverte qui lui a ouvert les portes de l'Académie des Sciences. Il avait décrit un organe spécial qu'on trouve dans la queue des raies : une analogie de structure constatée au moyen du microscope le conduisit à rapprocher cet organe de l'appareil électrique des torpilles ; mais ce n'était qu'une présomption. La preuve physiologique, indispensable, manquait encore : il était malaisé d'observer les raies vivantes ; on les pêche au large, et, comme beaucoup de poissons, elles meurent presque aussitôt qu'on les sort de l'eau. Il ne fut pas difficile de réunir dans les viviers un nombre suffisant de raies des plus grosses qu'on put pêcher, et de les faire passer des bassins, sans perdre un instant, sur la table d'expériences. C'est ainsi que l'éminent professeur put démontrer la réalité d'une fonction qu'il avait pressentie quinze ans auparavant en disséquant les raies mortes de la halle de Paris. L'établissement de Concarneau n'a pas été moins apprécié des étrangers : un des zoologistes les plus marquants de l'Europe, M. Van Bénéden, professeur à l'université de Louvain, et son fils, professeur à l'université de Liège, sont venus tous deux y recueillir les animaux inférieurs qui vivent en parasites sur les poissons. Enfin c'est là qu'ont été suivies les recherches faites dans ces derniers temps sur les changements de coloration des animaux [5].

L'Association britannique pour l'avancement des sciences, dans sa dernière réunion annuelle, a décidé qu'elle consacrerait une partie de ses richesses, aujourd'hui considérables, à créer sur différents points des côtes d'Angleterre et dans la Méditerranée, en attendant qu'elle étende son action plus loin, des *stations zoologiques*, c'est-à-dire des établissements où les naturalistes, les physiologistes, les anatomistes, iront étudier commodément le monde de la mer, où ils trouveront un local disposé pour les recevoir avec les instruments et les réactifs essentiels qu'on ne peut partout emporter avec soi sans se surcharger d'un bagage incommode. Il n'est pas douteux qu'avant peu d'années ces stations n'aient rendu aux sciences naturelles les plus signalés services, et là encore notre pays s'est trouvé en avance. Voilà douze ans que nous avons, par l'initiative de M. Coste, une station zoologique sur les bords de l'Océan. Certes elle est appelée d'un jour à l'autre à jouer un rôle encore plus important lorsqu'elle aura reçu une organisation définitive : telle qu'elle est cependant, elle a contribué déjà pour une part notable aux progrès de la biologie en France.

Section IV

S'il était inutile de chercher à multiplier le poisson de mer, population errante qu'une marée, un coup de vent, un calme, la pluie même, chassent au large pour toujours, le problème, quand il s'agit de l'huître ou de la moule qui vivent fixées à la roche, se présente dans des termes presque aussi simples que celui d'empoissonner le moindre ruisseau coulant. Aussi l'ostréiculture est-elle vite devenue lucrative. Chose merveilleuse, l'état lui-même a pu organiser et gérer *avec succès* un certain nombre d'huîtrières. Il n'en fallait pas tant pour éveiller l'intérêt privé, et la nouvelle industrie a grandi rapidement sur toutes les parties du littoral *où elle est praticable*. Au fond même du port de Concarneau, dans la rivière d'Auray, aux îles françaises, sur tout le périmètre du bassin d'Arcachon, il y a de ces établissements en plein rapport.

Pour l'huître, comme pour tout animal, le point de départ d'une production sérieuse était l'étude des circonstances où elle vit, où elle se reproduit. C'est encore à un naturaliste français, M. Davaine, qu'on doit ces renseignements nécessaires sur l'embryogénie de l'huître. Les œufs, qui sont extrêmement petits, restent jusqu'à l'éclosion entre les valves de la coquille. Les embryons ne ressemblent pas d'abord à ce qu'ils seront plus tard, ils nagent avec agilité au moyen d'un organe spécial, ils vaguent à l'entour de l'huître mère, et ne se posent point jusqu'à un moment donné. Alors ils s'arrêtent, l'organe de natation peu à peu disparaît, l'animal est fixé pour toujours. Cependant ce *naissain* ne va jamais loin. Il suffit, pour le retenir, qu'il trouve près de là quelque corps dur, bois, tuile, pierre, où s'attacher. Au bout d'un an, la jeune huître pond à son tour ; au bout de deux ans, elle est presque *marchande*. La multiplication des huîtres se fait donc seule. Comme soins propres à augmenter la récolte, on jette simplement à portée des embryons quelques fascines ou de vieux débris de poterie et de brique pour les recueillir. Voilà ce que nous ont appris les patientes études poursuivies dans les huîtrières du gouvernement créées à l'instigation de M. Coste.

Il y a un de ces établissements dans la baie de Laforêt, non loin de Concarneau. L'état l'administre. Nous laissons à penser si pendant la terrible année de nos désastres on s'occupa de l'huîtrière, qui fut complètement abandonnée à elle-même, et cependant elle subsiste ; on a encore vendu l'an dernier plus de milliers d'huîtres qu'il ne fallait pour couvrir les frais d'exploitation. Tout au plus n'aura-t-on pas de récolte l'année prochaine, si l'ensemencement s'est mal fait en 1870. Les bénéfices que rapporte depuis bientôt dix ans l'huîtrière de Laforêt [6] ont profité pour une large part aux pêcheurs peu aisés du quartier maritime de Quimper : quand la barque, les engins, qui sont toute leur fortune, subissent des avaries ou sont perdus à la mer, le bureau de la marine leur vient en aide avec ces fonds. L'huîtrière joue de la sorte un petit rôle social au milieu de cette laborieuse population, où la misère, grâce à ces secours, est à peu près inconnue.

L'industrie privée n'a pas hésité à se lancer dans une exploitation qui ne demande, pour être lucrative, qu'un choix judicieux de l'emplacement. Pas plus qu'un. arbre ou une plante quelconque, l'huître ne prospère sur toute espèce de terrain, ainsi qu'on semble quelquefois le croire en demandant à la nature plus que force. L'huître se nourrit d'animalcules microscopiques, il faut donc que les eaux où on veut l'exploiter en soient abondamment pourvues ; il faut que le sol de l'huîtrière découvre à marée basse, afin de permettre l'exploitation réglée, mais qu'il ne découvre pas trop longtemps, parce qu'alors le soleil ou la pluie feraient mourir les huîtres ; il faut que ce rivage ne soit point exposé à être recouvert de sable ou de galet par les fortes mers. Il y a ainsi une série de conditions que nous trouvons onéreuses, on ne sait pourquoi, quand il s'agit des huîtres, et qui existent cependant pour toute espèce de culture au monde les difficultés sont telles que l'obstination britannique n'a pu encore les surmonter ; la côte anglaise est restée jusqu'à présent rebelle à cette industrie, qui prospère si bien chez nous. Il y a six mois, un ingénieur anglais visitait encore nos huîtrières avec un attirail de tubes dans lesquels il recueillait précieusement, pour les étudier, des échantillons du fond et des eaux légèrement troubles où se plaisent les huîtres, afin de rechercher les conditions analogues sur la côte d'Angleterre. Nos voisins ont déjà dépensé en essais infructueux 60,000 livres sterling, soit près de 1 million 1/2 ; ils ne sont pas rebutés. Le succès nous a coûté moins que cela.

Faut-il maintenant répondre à une prétendue critique qu'on entend parfois, et qui n'est qu'un sophisme d'ignorance ? On semble s'étonner que le prix de ce mets recherché ne cesse d'augmenter, et on croit avoir trouvé là un argument contre l'ostréiculture. D'abord on oublie que, la plupart des bancs naturels étant à peu près épuisés, les marchés sont en grande partie alimentés par les huîtrières artificielles, sans lesquelles le prix serait encore beaucoup plus élevé ; mais ce n'est pas tout. Pour peu qu'on réfléchisse, il est facile de se rendre compte que non-seulement le prix ne saurait diminuer, mais qu'il ne cessera de s'accroître, quand bien même nos côtes seraient bordées d'un cordon d'exploitation ininterrompu. Or il n'en sera jamais ainsi ; certaines régions du littoral, comme la côte anglaise, ne se prêtent point à cette industrie. Supposons, pour mettre les choses au mieux, que tous les rivages propices sans exception soient couverts d'huîtres ; ce ne sera jamais qu'une bande de terrain fort restreinte par la limite même des marées. Que l'on se figure d'autre part la consommation croissant en Europe à mesure que s'allongent les lignes de fer. Il est loin, le temps où le voyageur partant de Paris pour Marseille y portait comme objet rare et précieux une bourriche d'huîtres. On voit aujourd'hui des écaillères, dans les villes du midi. La Méditerranée ne produit plus d'huîtres en quantité suffisante pour en faire la pêche réglée, et cependant on en mange à Nice, à Alger, dans toute l'Italie. Les côtes de France en expédient jusqu'à Rome, Saint-Pétersbourg, Moscou. En même temps que les voies ferrées vont plus loin, un nouveau réseau en double le parcours sur le sol même de la France. Les huîtres arrivent fraîches au fond des départements. L'aire géographique de la consommation augmente sans cesse, celle de la production est fatalement limitée. En un mot, la demande surpasse l'offre, d'où la concurrence des acheteurs en gros dans les ventes, d'où une nouvelle cause d'élévation des prix ; mais ce n'est ni le producteur ni l'état qui s'en plaignent. Loin d'être un argument contre les essais tentés, cette cherté croissante des huîtres est un encouragement pour les particuliers, qui font leur fortune en même temps qu'ils augmentent les revenus publics par la mise en valeur de terrains dont la loi ne permet pas même à celui-ci de se dessaisir.

Pour la culture des huîtres, problème aujourd'hui complètement résolu, comme pour celle du poisson, comme pour les études théoriques qui préparaient ces applications, notre pays a donc marché le premier. Si l'ivresse du triomphe a pu égarer nos vainqueurs d'hier jusqu'à nier la participation de la France à tous ces progrès, les autres nations nous rendent sans doute meilleure justice. Les faits sont là qui parlent assez haut. Quoi qu'ait pu dire M. Ecker devant ses collègues de l'université de Fribourg en Brisgau, l'embryogénie n'a point été a une pure science allemande. » La France a fait d'importantes découvertes dans cette branche des sciences ; elle l'a consacrée en quelque sorte par un enseignement public, par un monument bibliographique sans égal. Il n'a pas tenu au mérite de ses hommes de science que de plus nombreux travaux, sinon de plus importants, aient été publiés ; elle a souffert en cela du système qui a pesé sur l'enseignement supérieur tout entier.

Dans l'histoire des applications de l'embryogénie, le rôle de la France est encore moins contestable, si c'est possible. Elle a élevé des établissements que la Prusse exploitera ou que les autres nations imiteront ; mais surtout elle a communiqué à l'Europe entière une impulsion merveilleuse vers des industries oubliées ou inconnues. S'emparant de découvertes vingt fois faites par des savants comme Jacobi ou des simples comme Rémy, et vingt fois oubliées, elle les jette au monde avec un tel éclat qu'elles ne se perdront plus jamais. One industrie nouvelle a été créée, trop confiante peut-être dès l'abord dans le succès universel, mais qui, réduite aux proportions du possible, reste une source de richesse, puisque c'est une source de production et d'activité. Il ne s'agit point de faire baisser le prix d'objets que le luxe gardera toujours pour lui, il s'agit d'en augmenter la consommation et d'accroître par elle le travail et le salaire. Tels ont été les résultats incontestables des applications de l'embryogénie à la culture des eaux, « et c'est là, comme l'a dit quelque part l'éminent professeur du Collège de France dont le nom résume tous les efforts dans cette direction, c'est là un bienfait nouveau que les classes laborieuses ont reçu des mains de la science, et qui leur fera mieux sentir quel lien étroit unit dans l'organisme social ceux qui travaillent à ceux qui pensent. »

Notes

1. Voyez la Revue du 1er janvier 1872.
2. Voyez Dutrochet, Mémoires, t. II, p. 284.
3. Ceux de MM. Wagner, Remak, Reichert, Kölliker, His, etc.
4. Il n'y a pas longtemps qu'on employait encore ce procédé en Bretagne : on barrait une rivière, on l'épuisait, et on enlevait à la pelle tout le fretin pour le donner aux porcs.
5. Voyez la Revue du 1er janvier 1872.
6. Voici, d'après les documents officiels, les chiffres des dernières ventes aux enchères faites par les soins du gouvernement:

26 avril 1867	130,000 huîtres vendues	4,628 fr.
12 septembre 1868	100,000	7,560 fr.
16 novembre 1869	150,000	12,150 fr.
11 septembre 1871	100,000	7,100 fr.

On remarquera la progression croissante du prix de vente pendant la période 1867-69 ; après la guerre, le parc, abandonné à lui-même, mais préservé du braconnage, put encore fournir un revenu de 7,000 francs, supérieur aux frais d'entretien et d'amortissement.

ISBN : 978-1977836960

Georges Pouchet

www.ingramcontent.com/pod-product-compliance
Lightning Source LLC
Chambersburg PA
CBHW050036230526
45470CB00003B/1313